奇积时尚 原创品牌

最新流行饰品的应用工具书

饰品风情

衣饰·小挂饰

奇积中国结设计制作中心　主编

辽宁科学技术出版社
·沈阳·

前言

有些心情，一如那远古的初民
绳结一个又一个的好好系起
这样　就可以
独自在暗夜的洞穴里
反复触摸　回溯
那些对我曾经非常重要的线索

——席慕容

斗转星移，人类的记事方式已经历了绳结与甲骨、笔与纸、铅与火、光与电的变迁。如今，只要有一台电脑，上下五千年的历史就可以尽在眼前。绳子早已不是人们记事的工具，但当它被编成各式绳结时，却复活了一个个古老而美丽的传说。

结绳记事是在文字发明前，人们使用的一种记事方法。将结绳的作用从记事发展到装饰，中国结艺在人类文明中一直扮演着举足轻重的角色。

中国结不仅具有造型、色彩之美，而且皆因其形意而得名，如盘长结、藻井结、双钱结等，体现了我国古代的文化信仰及浓郁的宗教色彩，也体现着人们追求真、善、美的美好愿望。在玉佩上装饰一个"如意结"，引申为称心如意、万事如意；在扇子上装饰一个"吉祥结"，代表大吉大利。

中国人在表达情爱方面往往采用委婉、隐晦的形式，中国结从而义不容辞地充当了男女相思相恋的信物。《脂砚斋重评石头记》中，莺儿是最会打络子的，也就是编中国结，如一炷香、朝天凳、象眼块、方胜、连环、梅花、柳叶、攒心梅花等。宝玉的通灵宝玉也是莺儿用金线配着黑珠线，一根一根地捻上，打成络子穿起来的。纵观中国古代文学，我们不难发现，绳结已超越了原有的实用功能，并伴随着中华民族的繁衍壮大、生活空间的拓展、生命意义的升华和社会文化体系的发展而世代相传。

本丛书收编了由中国结、玉石、水晶、琉璃、琥珀、玛瑙、翡翠、水钻、钛金属、珍珠、藏饰等材料做成的饰品，其中包括项链、头饰、耳环、戒指、手链、脚链、腰带、衣饰、小挂饰、摆饰、汽车挂饰等各种精美绝伦的饰品。本丛书是由中国结艺的经典品牌奇积中国结设计制作中心编著而成的，图文并茂地向读者讲解了各款中国结的做法、饰品的寓意以及饰品的搭配技巧等，为广大手工爱好者及专业人士提供学习、参考、借鉴的平台。本丛书还详细地介绍了每款宝石、中国结的特别含义及作用，让您在会玩会编的基础上，学会在合适的时机、合适的地点佩戴合适的饰品。

本丛书所有的中国结步骤图都用了比较粗的线材做成，目的是让读者看得更清楚；而某些需要区分A线和B线的中国结，均用了颜色对比强烈的两种线，希望读者能学得更轻松。

希望每一样饰品、每一款中国结都能给您带来健康和幸运！

目 录 Contents

工具材料

热熔枪；热熔胶（参考价格：20元；1元）
在工艺和装饰上有出色表现的小型热熔枪，主要应用于细致的、创造性的热熔工作，可用于中国结、各种材料饰品的黏合。

细尖嘴钳（参考价格：10元）
主要用来修整金属线及夹取小配件等。

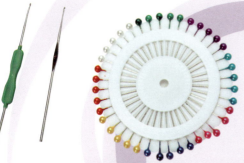

镊子（参考价格：4元）
帮助调整中国结的结构以及夹取小股线。

钩针（参考价格：4元）
在制作比较复杂的中国结时常常会用到，如盘长结、团锦结等。

彩色大头针；插垫（参考价格：1元；30元）
常一起使用，把大头针插在插垫上，可以编复杂的中国结。

打火机（参考价格：1元）
用火稍稍地烧一下，线就不会松脱；也用于黏合两种不同颜色的线。

针（参考价格：1元）
缝合等作用。

剪刀（参考价格：5元）
用于剪断各种线材。

强力胶（参考价格：2元）
黏合作用。

包针（参考价格：1元、2元）
在制作比较复杂的中国结时会用到，可用于穿线、拉线。

部分配件

玉石金桶（参考价格：30元/包）

玉石小福猪（参考价格：15元/包）

玉石小鱼（参考价格：40元/包）

小甜圈（参考价格：15元/包）

玉石平安扣（参考价格：10元/包）

水滴形黄晶（参考价格：20元/包）

粉晶（参考价格：5元/包）

红天眼（参考价格：10元/包）

4个胶圈/包（参考价格：3元/包）

紫晶8mm（参考价格：15元/包）

红、绿发晶6mm（参考价格：15元/包）

5个胶圈/包（参考价格：3元/包）

白水晶10mm（参考价格：10元/包）

1个胶圈/包（参考价格：1元/包）

彩珠（参考价格：1元/包）

4个胶圈/包（参考价格：2元/包）

亮面紫色铃铛（参考价格：5元/包）

红色B线（参考价格：7元/个）

红色A线（参考价格：4元/个）

金色铃铛（参考价格：2元/包）

金色线（参考价格：4元/个）

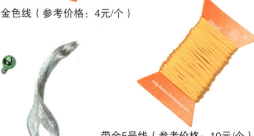

绿色铃铛（参考价格：3元/包）

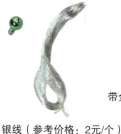

带金5号线（参考价格：10元/个）

银线（参考价格：2元/个）

紫色磨砂铃铛（参考价格：6元/包）

71号线（参考价格：5元/个）

红色4号线（参考价格：18元/个）

72号线（参考价格：8元/个）

流苏线（参考价格：6元/扎）

陶瓷及交趾陶

色卡

第一章
手机挂饰

吉祥寿桃

饰品所需材料：

寿桃形玉石、72号线、6mm玉石或8mm圆珠、玉石小甜圈。

工具： 剪刀、镊子、打火机。

技师小提示：

金刚结使用方法：

1.置于胸前或身上；随身行李、皮包、背包。

2.所乘之汽车；居家门楣上；病患身上及其周围。

3.置于不吉之处；运气不佳之人身上。

饰品寓意：

此挂饰的玉石材料不但能美化生活、陶冶性情，而且有祛病保平安之意。寓意着幸福、健康、长寿以及对美好生活的期盼和祈福。

金刚结的做法

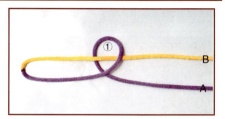

1.A线压B线，绕出圈①。

2.B线向下绕半圈，然后向上穿过
圈①。

3.把A线和B线拉紧，调整好。

4.重复1、2、3的步骤。

5.连续的金刚结。

凤尾结的做法

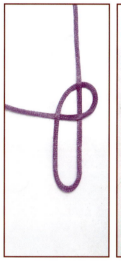 

1.两线交叉，左边
那条线穿入绕出
的圈内。

2.分别以压、挑的
方式把左边那条
线重复穿过线
圈。

3.一边编结，一边
按住上面那条线
和尾部那个半
圆，将线收紧。

4.最后把上面的那
条线向上拉紧。

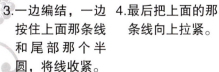

莲花绽放

❖═══ 饰品所需材料 ═══❖

砗磲、72号线、股线。

工 具

剪刀、镊子、打火机、电烙铁。

❖=单线绕六耳盘长结的做法=❖

1. 先编好六耳盘长结（见P20），在6
   个耳那段线用笔做一下标记，然后把
   六耳盘长结拆开，只保留最上面的双
   联结。在做了标记的那段线上绕上细
   线，用电烙铁黏合。

2. 接着再重新编1个六耳盘长结即可，
   这样编出来的六耳盘长结的6个耳会
   有不同的颜色。

技师小提示

　　人们对中国结的印象及称呼，大
部分是指盘长结的结体，因为盘长结
纹理分明、造型明显，常以单独结体
装饰在各种器物上面，只要看一眼即
让人记忆深刻。

❖═══ 饰品寓意 ═══❖

　　在佛教界中，砗磲深受许多师
父及信徒们的喜爱。颜色漂亮的砗磲
饰品，除了可作装饰外，佩戴在身上
也有避邪保平安之意。师傅们常以
27~108颗的念珠作为佩戴及念佛之
用。

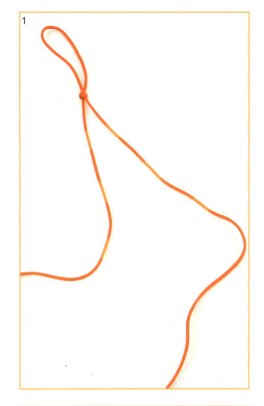

清新莲花

饰品所需材料：

莲花形玉石、6mm玉珠、72号线。

工具： 剪刀、镊子、打火机。

金刚结和凤尾结的做法： （见P9）

技师小提示：

金刚结的外形与蛇结相似，蛇结容易摇摆松散，金刚结比较牢固，更加稳定。

饰品寓意：

凤尾结又名发财结、8字结，一般用于中国结的结尾，有装饰作用，象征龙凤呈祥、事业发达、财源滚滚。

宝葫芦

饰品所需材料： 砗磲、72号线、股线。

工具： 剪刀、镊子、打火机。

单线绕六耳盘长结的做法： （见P11）

技师小提示：

　　编盘长结的原则是：当线往上走每遇内圈的第一线时都从下面穿过，但遇到其他线时却从上面走过，线转弯后往下走，遇到其他线时从上面或下面穿过的程序都与上行时相反。

佛 手

饰品所需材料

佛手形玉石、6mm玉珠、72号线。

工 具

剪刀、镊子、打火机。

金刚结的做法

（见P9）

技师小提示

　　菠萝结的做法有很多种，这里介绍的是由双钱结延伸变化出来的。

饰品寓意

　　此款佛手挂饰象征着多福多寿。

菠萝结的做法

1.先编1个双钱结（见P35）。

2.然后用1根长线顺着短线的反方向走一遍。

3.把双线双钱结向上轻微地推拉一下即成。

福星贵人

饰品所需材料

玉石、72号线、木贵人。

工 具

剪刀、镊子、打火机。

玉米结的做法

1. 两线十字交叉，4段线各按逆时针方向相互挑压。

2. 将线收紧，调整好。

3. 再将4段线各按逆时针方向相互挑压。

4. 收紧后重复第3个步骤。

技师小提示

　　玉米结是中国结的一种，用两根绳子在一起做的装饰物，样子很像玉米，所以叫玉米结。

饰品寓意

　　此款挂饰寓意吉祥如意，好事临近，能遇贵人相助。

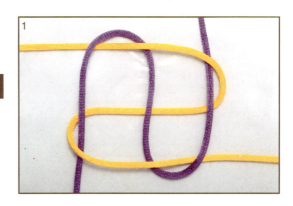

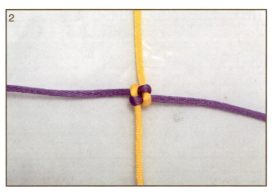

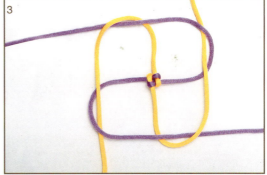

貔 貅

饰品所需材料

玉石、72号线、股线。

工 具

剪刀、镊子、打火机、插垫、大头针、钩针。

六耳盘长结的做法

（见P20）

酢酱草结的做法

1.将A线和B线做出圈①和圈②。

2.将圈②套进圈①中，并形成圈③。

3.把B线绕进第②个圈，形成圈④和圈⑤。

4.把B线绕进第④个圈和第③个圈。

5.把B线穿进第④个圈中。

6.调整好线，将线收紧。

技师小提示

　　酢酱草结应用范围很广，可变化出很多种结饰，如绣球结。酢酱草结还可做出四耳、五耳、六耳等不同数量耳翼的结饰。

饰品寓意

　　酢酱草也作"酢浆草"，是一种三叶草本植物。本结因形似酢酱草而得名。酢酱草结又因双耳如蝴蝶，而被称为中国式蝴蝶结。酢酱草结结形美观，寓意平凡、坚韧、幸运、吉祥等。

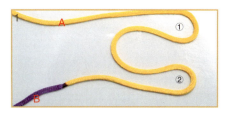
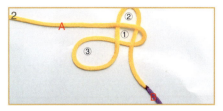

六耳盘长结的做法

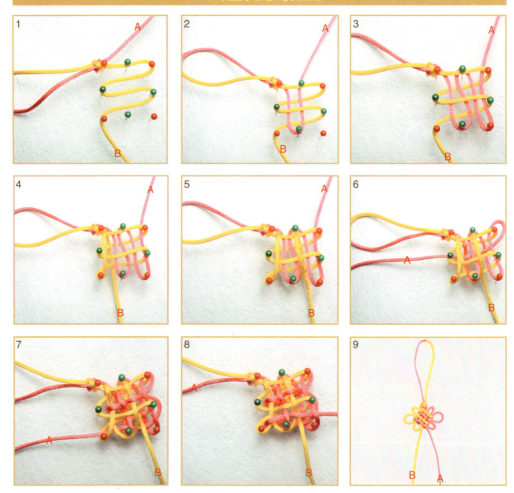

1. 先做双联结（见P53），在插垫上插8根大头针，呈方形，用一个双联结作开端，用B线绕出4行横线。

2. 钩针从下往上，压、挑、压、挑，把A线钩过来，插在大头针上，再用钩针从上往下，挑、压、挑、压，把A线从中间钩出来。

3. 仿照步骤2。

4. 用钩针从下往上，把4根B线挑起来，然后把B线的线头往上拉，拉到钩针上，往下拉。

5. 用钩针挑起4根B线，把B线头挂在大头针上，往上拉，用钩针把B线头往下拉。

6. 用钩针从左向右挑2根、压1根、挑3根、压1根、挑1根，把A线拉过来。

7. 钩针从右挑1根、压3根、挑1根、压3根，把A线拉过来。

8. 仿照步骤6，收紧线并整理好。

9. 从大头针上取出结体，收紧线并整理好。

大钟鼎

饰品所需材料： 玉石、A线、细线。

工具： 剪刀、镊子、打火机。

技师小提示：

　　盘长结结形较大，结构密实，可单独使用，也常搭配其他结式，变化的结式很多，是较为重要的基本结之一。

双线绕六耳盘长结的做法：

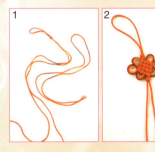

1.在A线上绕上细线。

2.和六耳盘长结（见P20）的做法一样，编出1个双线六耳盘长结。

饰品寓意：

　　盘长结基本形状就如佛教"八宝"之一的盘长，盘长象征回环贯彻。

恭喜发财

❧═══ 饰品所需材料 ═══❧

木雕、股线。

工　具

剪刀、镊子、打火机、定型胶。

❧=单线绕六耳盘长结的做法=❧

（见P11）

流苏的做法

1.剪好1束流苏线。

2.中间绑上1条丝线。

3.提起丝线的一端，让所有流苏线自然下垂。

4.把另1条丝线折成长、短两段，放于流苏线上端。

5.用较长的一段丝线缠绕流苏线上端。

6.缠绕至适当宽度，然后穿过线圈，拉紧。

7.把较短的一段丝线向上拉紧。

8.剪掉多余的线即可。

❧═══ 技师小提示 ═══❧

　　流苏的结法很多，比较实用，简单、易学。

饰品寓意

　　流苏是满族妇女十分喜爱的首饰，其造型近似簪头，但在簪头的顶端垂下几排珠穗，随人行动，摇曳不停，有富贵豪华之感，象征着吉祥富贵、美好幸福，也有祝福心想事成之意。

财运亨通

饰品所需材料

木雕、黄玉、小胶珠、72号线、股线。

工 具

大头针、剪刀、镊子、打火机、钩针。

技师小提示

学会基本盘长结，可应用此技法制作各种更为亮丽复杂的盘长结。

饰品寓意

黄玉是友情、友谊和友爱的象征。以黄玉做成的吊饰代表着真挚的友情，并预示着良好的财运。

复翼盘长结的做法

1. 先做双联结（见P53），在插垫上插12根大头针，呈方形，用1个双联结作开端，用B线绕出4行横线。

2. 然后钩针从下往上，压1根、挑1根、压1根、挑1根、钩出B线，挂在大头针上，B线按序往上穿，做出第1个耳翼。

3. 钩针拉住B线向左绕出第2个耳翼，然后B线头挂在左边的大头针上。

4. 钩针从右上过去把B线头拉回来挂在第2个耳翼的内侧。

5. 钩针从下往上，压1根、挑1根、压1根、挑1根、压1根、挑1根，拉出来挂在大头针上，再把B线按序往上穿。

6. 钩针从下往上，压1根、挑1根、压1根、挑1根、压1根、挑1根，把B线拉出来挂在大头针上，再按序往上穿。

7. 钩针从下往上挑起6根B线，在第3个耳翼把A线挂在钩针上拉出来。

8. 钩针从下往上挑起6根B线，把A线钩上来。

9. 钩针从右向左进去，挑2根、压1根、挑3根、压1根、挑1根、压1根、挑1根、钩出A线头，做出第1个左耳翼。

10.钩针从左边进去，挑1根、压1根、挑1根、压1根、挑3根、压1根、挑2根，拉出来，再按序往左穿。

11.钩针从上往下，压1根、挑5根、压1根、挑2根，把A线拉出来做出第2个左耳翼。

12.A线往下穿，只挑过中间的黄线。

13.钩针从右往左，挑2根、压1根、挑3根、压1根、挑3根、压1根、挑1根，把A线拉出来，做出第3个左耳翼。

14.钩针从左往右，压1根、挑1根、压3根、挑1根、压3根、挑1根、压3根，把A线拉出来。

15.钩针从右往左，压1根、挑1根，压1根、挑3根、压1根、挑3根、压1根、挑1根，拉出A线。

16.钩针从左往右，挑1根，压3根、挑1根、压3根、挑1根、压3根，拉出A线。

17.把结体取出，拉紧整理即可。

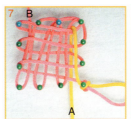

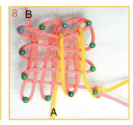

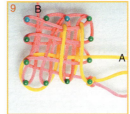

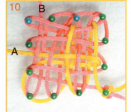

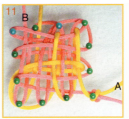

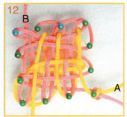

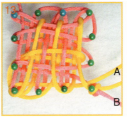

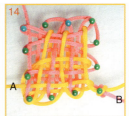

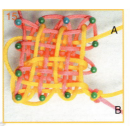

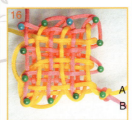

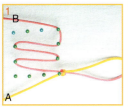

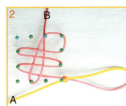

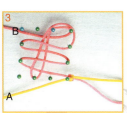

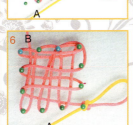

福禄寿

饰品所需材料

砗磲、玛瑙、东菱玉、股线。

工 具

剪刀、镊子、打火机。

技师小提示

　　平结用途很广，可用来连接粗细相同的线绳，也可编制手镯、挂链等饰物，还可以编制一些创意结。

单向平结的做法

1.将A线和B线对折，成十字交叉叠放。

2.A线挑B线，压垂线，穿过圈①。

3.将线拉紧。

4.A线向右挑垂线，绕出圈②，B线挑A线，向左压垂线，从圈②向下穿出。

5.将线拉紧。

6.B线向右挑垂线，绕出圈③，A线挑B线，向左压垂线，从圈③向下穿出拉紧。

7.仿照步骤 4、5、6编结，结体自然形成螺旋形，单向平结就完成了。

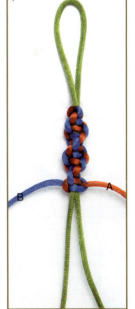

五彩缤纷

陶瓷、小胶珠、72号线、股线。

工 具

剪刀、镊子、打火机。

四耳团锦结的做法

1.绕出内①、内②、外①。

2.内②套进内①。

3.绕出内③，套进内①、内②，形成外②。

4.绕出内④，套进内②、内③，形成外③。

5.B线穿过内③、内④，绕出外④。

6.B线压A线，穿过外①，绕出内⑤，挑A线，穿过内④、内③。

7.B线穿过内④、内⑤，绕出外⑤。

8.B线穿过外②、内④。

9.调整耳翼，收紧内圈，外①、外②、外④、外⑤作4个耳翼，外③作挂耳。

技师小提示

　　此结可变化出不同数目的耳翼，在耳翼和尾线处各编一个双联结有助于固定结形。

饰品寓意

　　团锦结耳翼如花瓣，造型亮丽雅致，象征团团圆圆、锦上添花、和谐吉祥等。

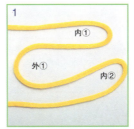

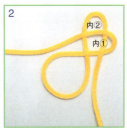

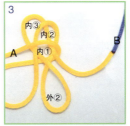

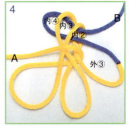

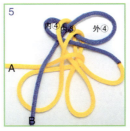

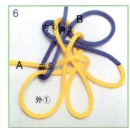

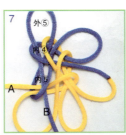

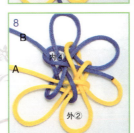

喜庆圆满

饰品所需材料：

陶瓷、水晶珠、小胶珠、72号线、股线。

工具： 剪刀、镊子、打火机。

双线绕六耳盘长结的做法：

（见P21）

饰品寓意：

　　盘长是佛家法物"八吉祥"之一。第八品的盘长俗称八吉，代表全体。盘长是肠形，象征连绵长久不断。

十字架

饰品所需材料： 带金5号线。

工具： 剪刀、镊子、打火机、定型胶。

玉米结的做法： （见P17）

技师小提示：

玉米结可变化做出方玉米结和圆玉米结。

饰品寓意：

十字架是基督教文化的重要标志。基督教把十字架作为其信仰的最典型的标志，视其具有"基督""拯救""赎罪""信仰""福音"等象征意义。

十二生肖

饰品所需材料：交趾陶、股线、72号线。

工具：剪刀、镊子、打火机。

六耳盘长结的做法：（见P20）

技师小提示：

　　学会做六耳盘长结后，可以延伸变化出很多其他的结艺来。

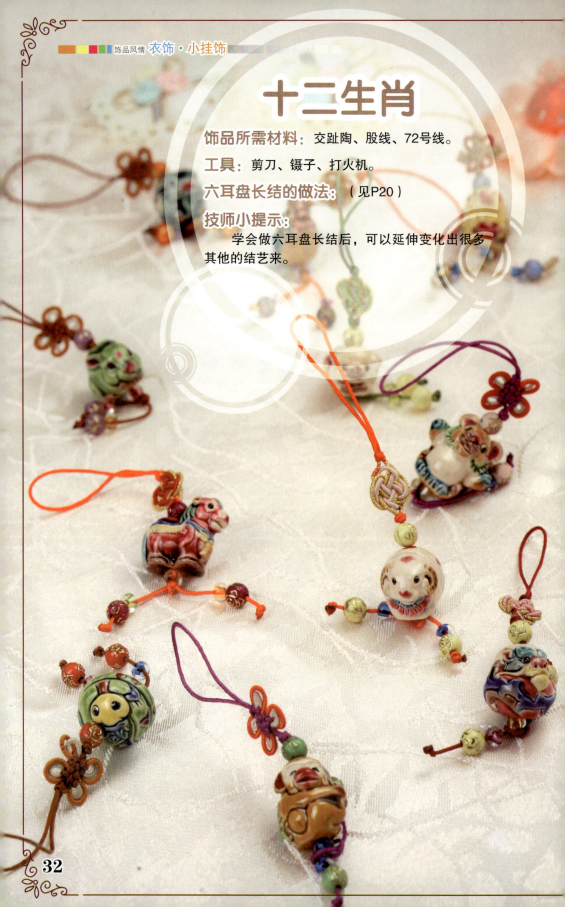

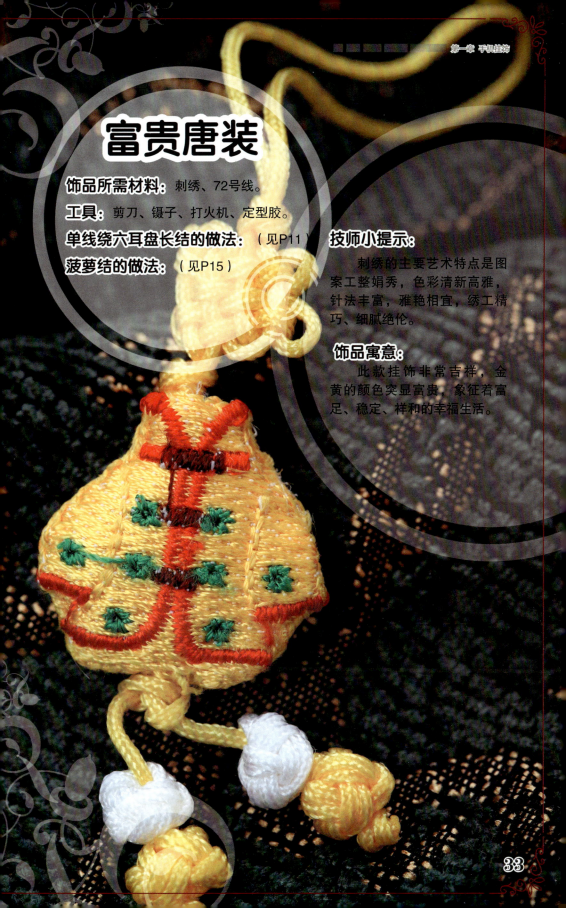

富贵唐装

饰品所需材料：刺绣、72号线。

工具：剪刀、镊子、打火机、定型胶。

单线绕六耳盘长结的做法：（见P11）

菠萝结的做法：（见P15）

技师小提示：

刺绣的主要艺术特点是图案工整娟秀，色彩清新高雅，针法丰富，雅艳相宜，绣工精巧、细腻绝伦。

饰品寓意：

此款挂饰非常吉祥，金黄的颜色突显富贵，象征着富足、稳定、祥和的幸福生活。

可爱吉祥物

饰品所需材料

交趾陶、股线、72号线、小胶珠。

工 具

剪刀、镊子、打火机。

双钱结的做法

1.线对折，A线向右压B线绕1圈，形成圈①、圈②。

2.B线向左压A线，向上穿过圈①。

3.B线再压、挑、压，跨过圈②。

4.调整好结体即可。

技师小提示

　　此结饰拉紧时平整美观，且用途很广，可以随意组合，也可单独做装饰结。制作时若保持一定松度，有意留些空隙，走双线或多圈编制可编出更多、更好的造型。

饰品寓意

　　双钱结又称"金钱结"或"双金钱结"，即是以两个古铜钱状相连而得名，象征好事成双。古时钱又称为泉，与"全"同音，可寓意为双全。

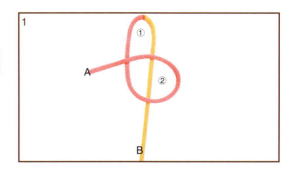

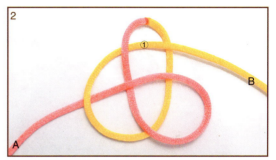

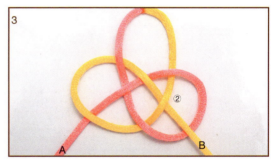

巧玲珑

饰品所需材料：

交趾陶、72号线、股线、粉晶、陶瓷、小胶珠。

工具： 剪刀、镊子、打火机。

双线绕六耳盘长结的做法：（见P21）

技师小提示：

　　做双线绕六耳盘长结时，可以用绕线机，这样绕出来的线更紧实一点。

饰品寓意：

　　陶瓷饰品非常朴素，有古典韵味，与双线绕六耳盘长结搭在一起，特别精巧细致，戴在身上希望会有好运。

第二章
挂包吊饰

粉红色的梦

饰品所需材料： 陶瓷、金属配件、玻璃珠。

饰品寓意：

　　粉红色代表可爱、浪漫，是富有幻想色彩，小女生会比较喜欢沉浸在自己营造的"童话王国"里，幻想着自己的王子、爱情、美好的一切。同时粉红色是一种很脱俗的颜色，很素雅，代表着女生开始有着自己的主见，慢慢地成熟。

穿戴搭配技巧：

　　这款粉红色的吊饰非常适合年轻的女孩们挂在背包上。

吉祥生肖

饰品所需材料：白水晶、72号线、股线、小胶珠。

工具：大头针、剪刀、镊子、打火机。

饰品寓意：

　　白水晶是佛教"七宝"之一，又称为"摩尼宝珠"，寓意着健康和谐。白水晶吊坠，用于祈福，可以作为"护身符""平安符"。

魅力一族

饰品所需材料

水晶、小胶珠、72号线、股线。

工　具

大头针、剪刀、镊子、打火机。

饰品寓意

陶瓷吊饰让人感觉很朴素，有古典韵味，配上合适的中国结艺，让人眼睛为之一亮，寓意能带来好运，象征着对幸福、平安、富贵的期盼。

穿戴搭配技巧

这款饰品比较素雅，挂在各种类型的包包上都很合适。

六耳同心结的做法

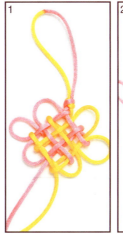

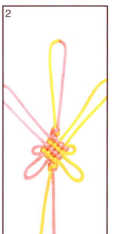

1.做出1个六耳盘长结（见P20）。

2.收紧，把上面那两个耳翼拉长。

3.把右上的大耳翼穿进右下的小耳翼里面。

4.把左上的大耳翼穿进左下的小耳翼里面，这样，六耳同心结就完成了。

41

玉米钥匙扣

饰品所需材料

铃铛、6号线、钥匙扣头。

工 具

剪刀、镊子、打火机。

斜卷结的做法

1. 一线对折竖放作轴，一线横于竖线下，分别钩住两边竖线，推上去两边拉紧。

2. 两边的横线分别钩住两边的竖线。

3. 另取线，重复做第1条横线的做法，加线的数量应视所需结体大小而定。

4. 以两侧第1条横线作轴打斜卷结，左边从后面绕到前面，右边从前面绕到后面。

5. 其他线的做法也一样。

6. 编好后把多余的线剪掉，用打火机略烧掉线口。

技师小提示

　　斜卷结又叫西洋结，因结倾斜故名斜卷结。这个结容易掌握，能随意变化，一般在立体结中常用。

穿戴搭配技巧

　　这款玉米钥匙扣非常适合女性使用，可与素雅的包包搭配。

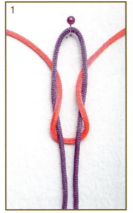

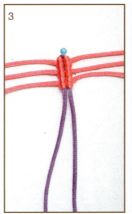

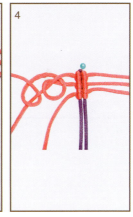

转运钥匙扣

饰品所需材料

陶瓷、5号线、流苏线、金属配件。

工 具

细尖嘴钳、剪刀、镊子、打火机。

变化结的做法

1. 先用A线编1个双钱结（见P35）。

2. B线跟着A线头往回走1圈。

3. B线再从中间穿出来。

4. 用细尖嘴钳把两条线收紧。

5. 用细尖嘴钳把B线又从中心点穿下去露出一点。

6. 剪去A线的多余部分，把A线头和B线头用打火机接回去，整理好就完成了。

技师小提示

做变化结时线的长度应根据具体情况来定，该收紧的部分一定要将线收紧。

饰品寓意

这款饰品寓意为人带来好运，象征着开启幸运之门的钥匙。

幸运球钥匙扣

饰品所需材料：铃铛、3号线、金属配件。

工具：剪刀、镊子、打火机、定型胶。

饰品寓意：

　　幸运球代表幸运，寓意事事顺心，好运即将来临。

异域风情

技师小提示：

　　此结较为复杂，是多个结艺的组合，稍微花点心思就能巧妙地做好。

饰品寓意：

　　天珠为美好、威德、财富之意。寓意运势、功名、事业、健康、姻缘等都非常圆满。

饰品所需材料

西藏天珠、A线、曼波线、股线、木珠、彩色布条、胶圈。

工 具

剪刀、镊子、打火机。

雀头结的做法

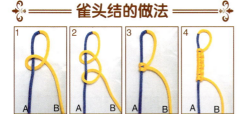

1. B线向左挑A线，再向右压A线穿过形成的圈。

2. B线向左压A线，再向右挑A线穿过形成的圈。

3. 将线拉紧。

4. 重复做法即可编出连续的雀头结。

法轮结的做法

1. 编1个双联结（见P53）和酢酱草结（见P19），再准备1个空心六耳团锦结（见P50）。

2. 用右线在圆圈上编雀头结。

3. 编连续的雀头结，编至圆圈的1/8时，编1个酢酱草结。

4. 仿照步骤3，用左线编雀头结和酢酱草结，在编雀头结处把准备好的空心六耳团锦结的其中1个耳穿进去。

5. 两边编到酢酱草结再做雀头结时把空心六耳团锦结中的2个耳分别穿进去。

6. 仿照步骤5的做法，编出图6，调整拉紧好线。

7. 用红色的线编一个酢酱草结和双联结收尾。

空心六耳团锦结的做法

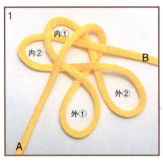
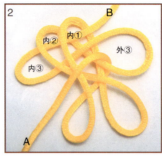
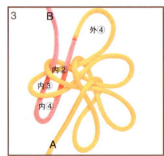
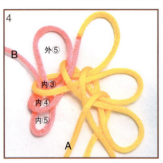
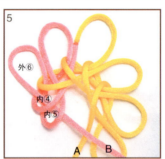
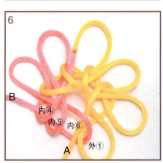
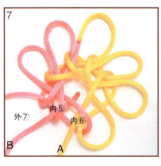
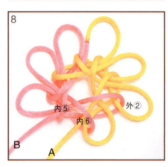
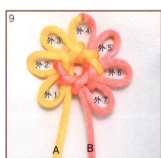

1.绕出内①、内②、外①、外②。

2.绕出内③、外③，将内③套进内①、内②。

3.绕出内④、外④，将内④套进内②、内③。

4.绕出内⑤、外⑤，将内⑤套进内③、内④。

5.B线绕出外⑥，穿过内④、内⑤。

6.B线穿过外①，绕出外⑥，再穿过内⑤、内④。

7.B线穿过内⑤、内⑥，绕出外⑦。

8.B线向下穿过外②、内⑥、内⑤。

9.调整耳翼，收紧好内圈，将外①、外②、外③、外⑤、外⑥、外⑦作6个耳翼，外④作挂耳。

金钱猪

饰品所需材料： 玉石、72号线、股线。

饰品寓意：

我国自古以来就有"玉石之国"的美名，古人视玉如宝，作为珍饰佩用。此玉石金钱猪造型十分可爱，为福气和财富的象征，寓意喜庆吉祥、财运亨通、财源滚滚和富足安康。

穿戴搭配技巧：

此玉石吊饰适合上班一族挂在包包上，不仅有装饰作用，还能使人精神焕发。

51

动物造型

饰品所需材料

交趾陶、曼波线。

工 具

大头针、剪刀、镊子、打火机、钩针、定型胶。

双联结的做法

1.将A线对折，A线压住B线，绕出圈①。

2.A线压住B线，向下穿过圈①。

3.B线向左绕出圈②，向下穿过圈①。

4.B线从下向上，在圈②中穿出来。

5.将A线和B线收紧调整好。

技师小提示

十耳盘长结比六耳盘长结横、竖各多了2行线，所以要增加4根大头针。十耳盘长结与六耳盘长结的压、挑方法和走向都是一样的。

饰品寓意

交趾陶寓意吉祥、祝福、财富、地位，是中华民族传统文化的骄傲。

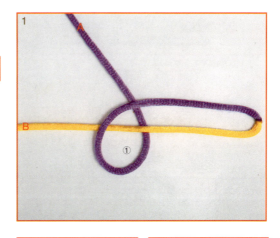

十耳盘长结的做法

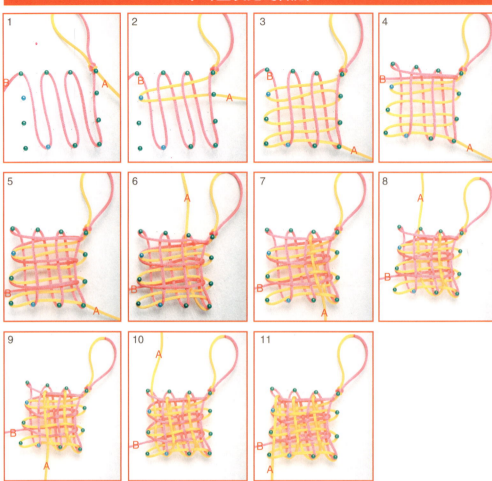

1. 先做好双联结（见P53）。在插垫上插上12根大头针，呈方形，用双联结作开端，用B线先绕出6行竖线。

2. 用钩针从左往右，压1根、挑1根、压1根、挑1根、压1根，钩出A线。

3. 用钩针重复步骤2做2次。

4. 用钩针从左往右，挑起所有B线，拉出B线。

5. 重复步骤4做2次。

6. 用钩针从上往下，挑2根、压1根、挑3根、压1根、挑3根、压1根，把A线拉出来。

7. 用钩针从下往上，挑1根、压3根、挑1根、压3根、挑1根、压3根，把A线拉出来。

8. 用钩针从上往下，挑2根、压1根、挑3根、压1根、挑3根、压1根，把A线拉出来。

9. 用钩针从下往上，挑1根、压3根、挑1根、压3根、挑1根、压3根，把A线拉出来。

10. 用钩针从上往下，挑2根、压1根、挑3根、压1根、挑3根、压1根，把A线拉出来。

11. 用钩针从下往上，挑1根、压3根、挑1根、压3根、挑1根、压3根，把A线拉出来。

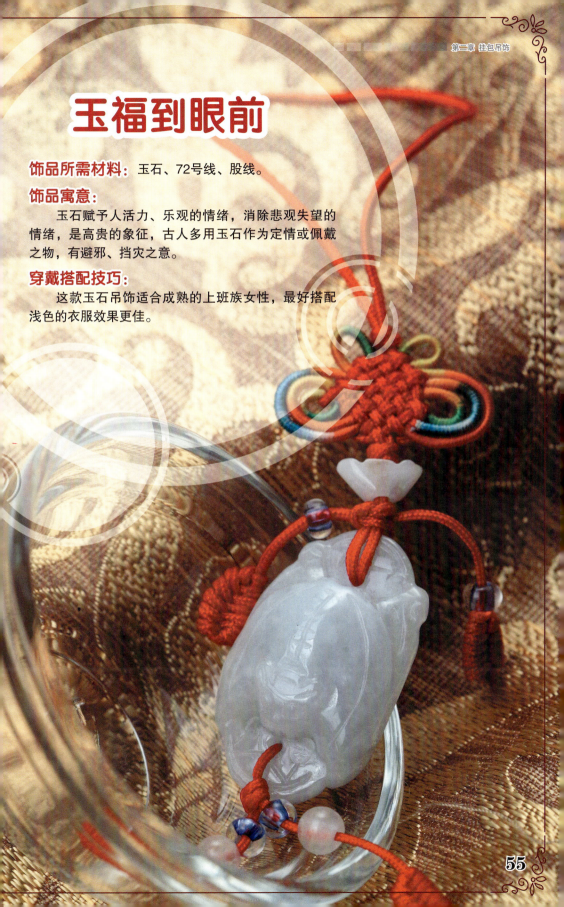

玉福到眼前

饰品所需材料：玉石、72号线、股线。

饰品寓意：

玉石赋予人活力、乐观的情绪，消除悲观失望的情绪，是高贵的象征，古人多用玉石作为定情或佩戴之物，有避邪、挡灾之意。

穿戴搭配技巧：

这款玉石吊饰适合成熟的上班族女性，最好搭配浅色的衣服效果更佳。

玉莲花

饰品所需材料：玉石、72号、股线、小胶珠。

饰品寓意：

莲花象征圣洁、吉祥。

穿戴搭配技巧：

这款莲花形玉石吊饰非常受人喜爱，适合时尚一族挂在有特色的包包上。

福在眼前

饰品所需材料：砗磲、曼波线、股线、彩色布条。

饰品寓意：

　　砗磲是佛教"七宝"之一，洁白无瑕，象征爱情、真情的永恒。《本草纲目》记载其有静心、安神等疗效，也是古时四品官员佩戴的朝珠。

穿戴搭配技巧：

　　此款吊饰非常洁白，适合女性搭配在比较斯文的手提包上。

吉祥葫芦

饰品所需材料：

砗磲、曼波线、股线、彩色小布条。

饰品寓意：

很多民族将葫芦作为民族的图腾顶礼膜拜，葫芦是吉祥、福禄、多子多福的象征。由于"葫"与"福"谐音，民间常以其象征吉祥；葫芦的"蔓"与"万"谐音，每个成熟的葫芦里葫芦籽众多，人们就联想到子孙万代，繁茂；"葫芦"谐音"护禄""福禄"。

穿戴搭配技巧：

此款葫芦形吊饰适合与布艺材质的包包搭配使用。

八大吉祥

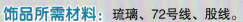

饰品所需材料：琉璃、72号线、股线。

饰品寓意：

　　琉璃是佛教"七宝"之一，色彩绚丽，象征高贵及创造力，有避邪、挡灾之意。

穿戴搭配技巧：

　　琉璃吊饰搭配范围较广，可以任意随性地搭配。款式颜色较为丰富的琉璃吊饰可以搭配在简单素雅的包包上。

如意宝瓶

饰品所需材料：

陶瓷、72号线、股线、玛瑙珠。

饰品寓意：

如意宝瓶乃藏传佛教中用于改善环境、助缘的法物。过去多用于王宫的寺庙，作为祈福增吉祥之物。

穿戴搭配技巧：

此款吊饰造型优美，做工极为精湛，非常适合长辈们挂在包上使用。

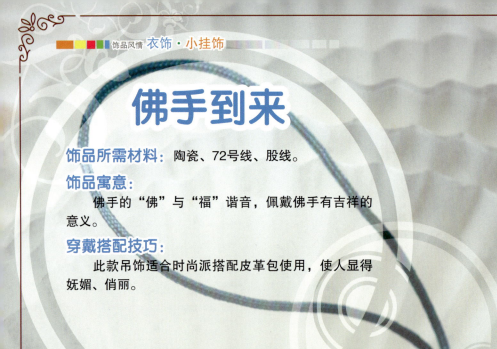

佛手到来

饰品所需材料：陶瓷、72号线、股线。

饰品寓意：

佛手的"佛"与"福"谐音，佩戴佛手有吉祥的意义。

穿戴搭配技巧：

此款吊饰适合时尚派搭配皮革包使用，使人显得妩媚、俏丽。

第三章
衣饰

粉红回忆

饰品所需材料：曼波线。

酢酱草结的做法：（见P19）

技师小提示：

徒手编比用工具更方便，但要注意编的时候不能松脱，否则难以还原。

穿戴搭配技巧：

粉红色象征着热情、浪漫，是洒脱、大方的色彩。这款粉红色饰品适合与白色服饰搭配，这种和谐的美已经成为永恒的经典。

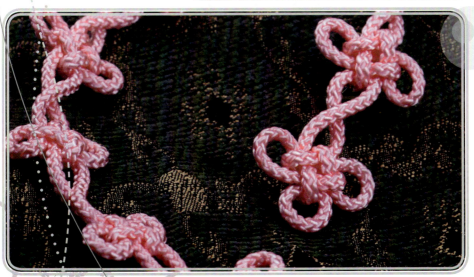

同心扣

饰品所需材料

4号（或5号）带金线。

工 具

定型胶、打火机。

琵琶结的做法

1.将A线和B线绕出圈①。

2.将A线紧贴B线再绕1圈。

3.顺着B线，将圈①的空白处由外而内绕好。

4.绕满圈后，用针或胶水固定，整理好。

5.从上面绕下来然后穿进中心点里面去。

6.收紧，把线调整好，两个线头分出的部分剪掉，然后用打火机把两个头粘紧。

技师小提示

　　以纽扣结变化组合成的盘扣，不止琵琶结一种，也可组合变化其他的结式。

饰品寓意

　　琵琶结是以纽扣结为基础，再加以变化而成，因其形状似古乐器琵琶而得名。琵琶之音又与吉祥之果"枇杷"相同，据《花镜》记载："枇杷一名庐橘，叶似琵琶，又似驴耳，秋蕾、冬花、春结子、夏熟，备四时之气。"因之被视为吉祥之果，比喻为"满树皆金"。

硕果丰收

饰品所需材料： 4号带金线。

工具： 定型胶。

技师小提示：

　　卷好的时候要用胶水粘贴紧，不然会松脱下来。

穿戴搭配技巧：

　　此款金黄色的纽扣可与暗红色的服饰搭配，看起来别有一番韵味。

幽幽深情

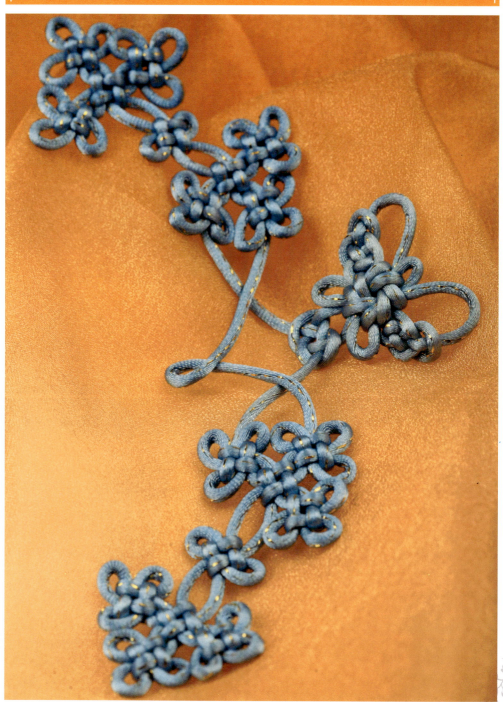

饰品所需材料： 5号线。

工具： 剪刀、打火机。

酢酱草结的做法： （见P19）

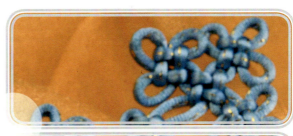

滚滚红尘

饰品所需材料：曼波线。

酢酱草结的做法：（见P19）

十耳盘长结的做法：（见P54）

技师小提示：

做这款饰品时要先将盘长结的做法掌握好，将酢酱草结与十耳盘长结巧妙地组合在一起，力度要均匀。

饰品寓意：

这款火红的饰品看起来非常喜庆热闹，炫耀出节日的喜庆，与黑色服饰搭配一起，色彩对比极为鲜明，感觉既神秘又性感。

黑珍珠

饰品所需材料

4号线。

双环结的做法

1. 用A线和B线分别做出圈①、圈②。

2. 将圈②套进圈①里面，形成圈③。

3. 将B线向左边绕出圈④，向下穿过圈②，B线压A线，向下穿过圈③。

4. B线挑A线，向上穿过圈②。

5. 捏住圈③、圈④，收紧A线和B线，圈的大小可适当调节。

技师小提示

　　戟结与寿字结相类似，是以双环结、双联结组合而成。双环结的应用非常广泛，是一个美丽的装饰结，编法简单、迅速，也可以单线头编制。

饰品寓意

　　戟结的"戟"，为古兵器之一，与"吉"同音异声，吉祥图案里，常在花瓶中插进三支戟，其旁再配以笙图，则寓意平平安安，连升三级，表示官运亨通、升迁迅速的意思。

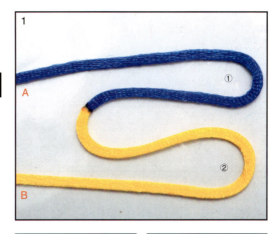

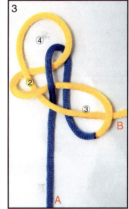

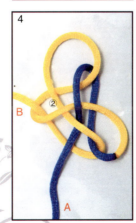

戟结的做法

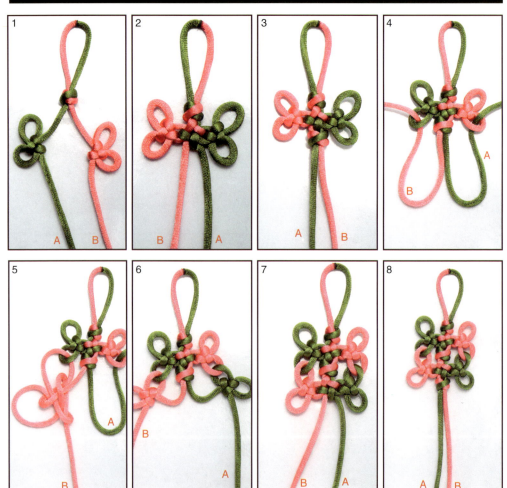

1.先编1个双联结（见P53），A线和B线各编1个双环结（见P77）。

2.中间编1个酢酱草结（见P19），把两个双环结连在一起。

3.下面编1个双联结。

4.把A线和B线分别穿过左右两个双环结的下线圈。

5.用B线再编1个双环结。

6.用同样的方法将A线编1个双环结。

7.中间编1个酢酱草结把下面两个双环结连在一起，线圈太小时可用钩针帮助完成。

8.最后编1个双联结即可。

飞翔青春

饰品所需材料： 5号线。

工具： 钩针、大头针、插垫、定型胶、钳子。

酢酱草结的做法：
（见P19）

十耳盘长结的做法：
（见P54）

技师小提示：
    编的时候要将绳索适当拉紧，不然松松垮垮，影响美观。

饰品寓意：
    这款饰品适合与素色服饰搭配，简约而独特，散发着青春迷人的气息。寓意着火热、幸福、欢乐祥和的生活。

诱惑天使

饰品所需材料

4号线。

工 具

细尖嘴钳、大头针、钩针、插垫、定型胶。

寿字结的做法

1. 在A线和B线的中间处编一个酢酱草结（见P19），A线和B线分别编1个双环结（见P77）；绕出圈①、圈②、圈③。

2. 用A线绕出圈④，圈②套进圈④。

3. 将圈③套进圈②。

4. 将B线穿过圈③，压A线，再向下穿过圈①，挑A线，向上穿过圈③。

5. 顺着3个结和A、B线头的方向拉。

6. 用细尖嘴钳慢慢把3个结收紧，形成中间的酢酱草结。

7. 用A线和B线头在下面接着编1个酢酱草结，用细尖嘴钳工具收紧。

技师小提示

编制寿字结时两根线的长度一定要把握好，否则拉出来的小线圈会不均衡。

饰品寓意

寿字结即以寿字为结形而得名，是最具祝福意味的结式，可单独垂挂或编成对对盘扣，送给长者做礼物，既美观大方，又具有双寿双福的深远意义。

紧紧相连

饰品所需材料

5号线。

工 具

大头针、钩针、钳子、插垫、定型胶。

酢酱草结的做法

（见P19）

双钱结的做法

（见P35）

六耳莲花结的做法

1.先编1个六耳盘长结（见P20）。

2.在六耳盘长结下面编1个双钱结（见P35）。

3.然后两边的线各编3个双环结（见P77）。

技师小提示

　　虽然是3个结组合而成，但做法还是比较简单，编双环结时大小要一致。

饰品寓意

　　莲是最常用来作为宗教和哲学象征的植物，曾代表过神圣、女性的美丽纯洁、复活、高雅和太阳。佩戴这款饰品，有令佩戴者事事如意、年年有余的意思。

依 伴

饰品所需材料：4号线、曼波线。

工具：定型胶、打火机。

双钱结的做法：

（见P35）

技师小提示：

　　双钱结又称"金钱结""双元宝"，将双绳接头相连即为桂花结，走双线或多圈编制即可得到很好看的玫瑰花造型。

饰品寓意：

　　这款衣饰大方得体，寓意好事成双。

第四章
腰带

时尚腰带

饰品所需材料

5号线。

三股辫子的做法

1.3条线绑在一起，然后3条线交叉。

2.有序地将3条线交叉编好。

3.一直编到自己所需的长度即可。

技师小提示

学会编三股辫子后，可以试着编头发，非常好看。

穿戴搭配技巧

这款腰带可搭配淡雅色系的裙子，既时尚又活泼。

平平安安

饰品所需材料：陶瓷、5号线、金线、流苏线。

工具：大头针、钩针、钳子、插针、定型胶。

饰品寓意：

　　在许多国家和民族传统中，红色有驱逐邪恶的意思。比如在中国古代，许多宫殿和庙宇的墙壁都是红色的。这款饰品寓意着平平安安、吉祥如意。

穿戴搭配技巧：

　　红色是热情与活泼的象征，与暖色调的搭配更增添甜美时尚之感。

摇曳生姿

饰品所需材料： 5号线、陶瓷。

工具： 大头针、钩针、插垫、钳子。

饰品寓意：

这款饰品简约大方、端庄却不失飘逸，处处都体现着女孩子的青春与美丽、热情与奔放，寓意着生命的年轻、生活的幸福。

穿戴搭配技巧：

这款腰带适合女孩子们搭配素色衣服，看起来大方得体。

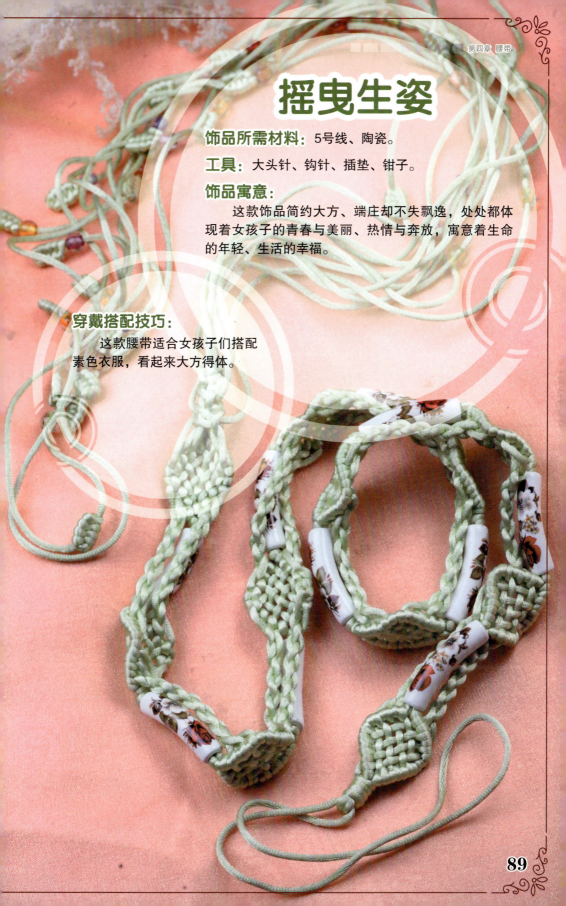

紫色蝶影

饰品所需材料：线、陶瓷、胶圈。

饰品寓意：

　　中国陶器的分布比较广泛，主要集中在黄河流域和长江流域。其中仰韶文化是新石器时期比较有代表性的文化类型，以彩陶为特点，也称"彩陶文化"，它派生出半坡和庙底沟等类型，装饰图案有很高的艺术价值。

　　本款饰品做工精细，流露着人们对一切美好事物的向往，寓意着吉祥、平安、富贵。

穿戴搭配技巧：

　　淡紫色使女性的形象优雅、温柔，而深紫色则让人感觉华丽、性感。这款紫色腰带适合女性搭配粉色服饰。

时尚与古典

饰品所需材料： 陶瓷、5号带金线、曼波线、金线。

工具： 固定钉子、钩针、大头针、插垫、钳子。

技师小提示：
　　做这款腰带时注意要将线拉紧。

饰品寓意：
　　在中国传统里，紫色是王者的颜色，如北京故宫又称为"紫禁城"，亦有所谓"紫气东来"。紫色代表高贵，常成为贵族所爱用的颜色。源于古罗马帝国蒂尔人常用的紫色染料仅供贵族穿着，而染成的衣物近似绯红色，亦深受当时君主所好。

吉祥砗磲

饰品所需材料：A线、砗磲。

技师小提示：

制作此腰带的宽度随自己的喜好而定，没有固定的限制。

饰品寓意：

此款饰品极为雅致，寓意生活一帆风顺、吉祥如意、甜甜蜜蜜。

花之韵

饰品所需材料： 线、水晶、胶珠。

饰品寓意：

这款水晶饰品象征着福气与财气。

穿戴搭配技巧：

这款腰带适合搭配黑色服饰，显得端庄而且典雅。

风 车

饰品所需材料：金属配件、胶珠。

饰品寓意：

　　风车有转运之意，佩戴这款腰带希望能给您带来好运。

穿戴搭配技巧：

　　这款腰带造型独特，适合高挑的女性穿裙子时搭配。

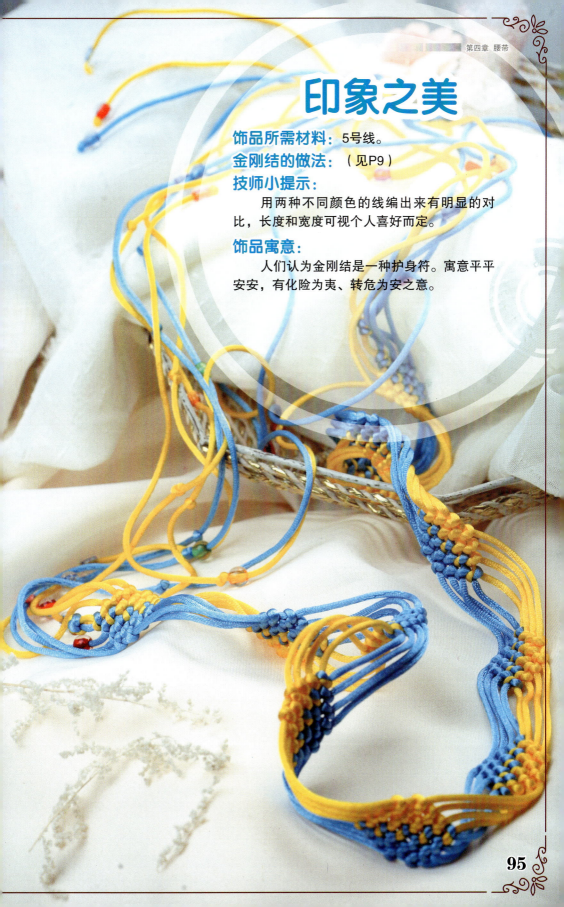

印象之美

饰品所需材料： 5号线。

金刚结的做法： （见P9）

技师小提示：

　　用两种不同颜色的线编出来有明显的对比，长度和宽度可视个人喜好而定。

饰品寓意：

　　人们认为金刚结是一种护身符。寓意平平安安，有化险为夷、转危为安之意。

图书在版编目（CIP）数据

衣饰·小挂饰/奇积中国结设计制作中心主编. —沈阳：辽宁科学技术出版社，2009.5
（饰品风情）
ISBN 978-7-5381-5795-6

Ⅰ.衣… Ⅱ.奇… Ⅲ.手工艺品—制作 Ⅳ.TS973.5

中国版本图书馆CIP数据核字（2009）第071443号

饰品风情——衣饰·小挂饰

奇积中国结设计制作中心　主编

出版发行：辽宁科学技术出版社
　　　　　（地址：沈阳市和平区十一纬路29号　邮编：110003）
印 刷 者：广州培基印刷镭射分色有限公司
经 销 者：各地新华书店
幅面尺寸：162mm×240mm
印　　张：6
字　　数：20千字
出版时间：2009年5月第1版
印刷时间：2009年5月第1次印刷
策划制作：名师文化出版（香港）有限公司
　　　　　（广州编辑制作中心电话：020-34284832）

责任编辑：名　实
封面设计：刘　誉
撰　　稿：高　真
版式设计：曾远慈
责任校对：李　霞

书　　号：ISBN 978-7-5381-5795-6
定　　价：22.00元

本丛书独立授权：

名师文化出版（香港）有限公司
HONGKONG MINGSHI CULTURE PRESS
http://www.mswhbook.com